U0172986

建筑师写生

ARCHITECT SKETCH

李长敏 著

中国建筑工业出版社

图书在版编目（CIP）数据

建筑师写生 = ARCHITECT SKETCH / 李长敏著. —
北京：中国建筑工业出版社，2020.12
　　ISBN 978-7-112-25549-8

　　Ⅰ.①建…　Ⅱ.①李…　Ⅲ.①建筑画 — 写生画 — 绘画
技法　Ⅳ.① TU204

　　中国版本图书馆CIP数据核字（2020）第185885号

责任编辑：焦　扬　陆新之
责任校对：芦欣甜

建筑师写生
ARCHITECT SKETCH

李长敏　著

＊

中国建筑工业出版社出版、发行（北京海淀三里河路9号）
各地新华书店、建筑书店经销
北京点击世代文化传媒有限公司制版
北京中科印刷有限公司印刷

＊

开本：787毫米×1092毫米　1/12　印张：14　字数：220千字
2021年6月第一版　2021年6月第一次印刷
定价：58.00元
ISBN 978-7-112-25549-8
　　（36566）

得之心而应之手

——读长敏的建筑画

在电脑效果图盛行的当下，手绘建筑画就显得弥足珍贵，相较于电脑效果图强烈的商业包装效果，手绘建筑画则是建筑师最为质朴的建筑观和情感的表达，它所传达出的已远不止建筑的表象，而更多的则是建筑师内心的呼唤。

值得思考的是，今天，我们可以带着相机踏勘现场，可以用草图软件进行建筑创作，可以用电脑效果图作成果表现，一切似乎均是水到渠成，建筑师已经越来越少地采用手绘图去构想方案，表达理念，徒手的建筑画是否还有存在的必要？

长敏的建筑画或许能够回答这个问题。长敏在哈尔滨和上海这两座城市均生活和工作过，这些极具现场感的建筑绘画创作，折射出长敏对于自己所在城市的热爱。长敏的建筑画，细致而不繁复，奔放而不粗陋，透过他画中流畅的线条，我们可以真切地感受到他对这两座城市细致入微的观察和沁人心扉的感动。

徒手建筑画，从表面看似乎是一种传统的建筑表现手段、一种快速的现场记录、一种与他人交流的表达方式，但实际上，其最具价值的却是建筑师思辨的反映、灵感的闪现。处处留心、细致地观察，才能做到得心应手。笔耕不辍带给建筑师的将会是职业判断能力的积累、建筑审美修养的升华，无论对于青年建筑学子还是职业建筑师，都具有极其重要的意义。

作为长敏曾经的同事，为长敏的执着而感动，也期待长敏的职业生涯和美学追求有着更为精彩的未来。

谨此为序。

汪孝安

2020 年 9 月

前　言
PREFACE

　　建筑写生是对客观的建筑体及其相关环境的临场画作，是通过艺术的手法把客观对象表现在画面上的一种创作形式。建筑写生的意义不仅仅是对客体的艺术表现、对生活的体验，它对提升建筑师的徒手表现能力、审美能力、构图能力、造型能力、把握比例尺度透视关系的能力、协调环境关系的能力及积累建筑语汇、陶冶建筑师的情操，都有着很大的意义。建筑创作是工程设计与美学的有机结合，建筑画也是建筑艺术与绘画艺术的有机结合。徒手设计草图对于建筑师激发灵感、充分表达设计方案及与业主有效沟通都起着极其重要的作用，可以说，良好的徒手表现能力是一个优秀建筑师必备的条件。而建筑写生正是我们画好徒手画、画好设计草图、画好生动真实的快速表现图的重要途径。

　　建筑写生包括建筑速写，可快可慢，可繁可简，快与慢没有严格的界限，可根据实际情况、时间来掌握，只要能很好地表现出客体就可以。建筑写生有多种表现手法及不同的绘画目的，笔者更倾向于建筑师宜以精简概括的手法，从本专业的角度来表达客体的形体、构件、神韵，不宜花费大量时间过多描绘，写生的时间毕竟是有限的，除非是特殊的美术创作。尽量不后期补画，也不提倡对着照片来画，因为离开了现场，创作就失去了连贯性及真实的感受，其艺术价值也就相对打折扣了。

　　艺术创作的动力来源于激情与执着，建筑写生也如此。首先，要画好建筑写生，需要绘画者对建筑热爱、执着与追求，对那些精美的建筑要有"一见钟情"的冲动感、敬畏感、学习感，要有一种把它入画的迫切感。尤其是那些优秀的历史建筑，它们都是无价之宝，堪称真正的"凝固的音乐，立体的诗"。建筑写生要尊重建筑的本体，要如实、准确、严谨地表现出建筑的形体结构。作画之前要对客体有很好的观察、认知与感知，选择最佳的表现建筑的视角与方位，展示出不同寻常的视觉冲击力。取景根据实际情况，可选择整体表现也可局部写生。写生不是照相，对周围环境及配景既要客观表现，又要有艺术处理和提炼，灵活取舍，移位调整，画面要有视觉重心点，要有意境、艺术品位和感染力，即艺术源于生活而又高于生活。

　　建筑前辈杨廷宝先生有三件宝不离身，就是皮尺、速写本、钢笔，他所倡导的"手勤、眼勤、腿勤，处处留心皆学问"的思想有着永恒的深刻意义。他要求我们建筑师要利用一切可能的机会，随时体验实践，多走多看多画。特别是在校生，建筑师的手绘功夫往往都是在学校打下的基础。建筑师的建筑修养与手头功夫犹如老和尚念经一样，是一点一滴修炼出来的，是潜移默化提升的。可以说良好的手绘功夫是一个建筑师响亮的名片，我们可以看到，许多国内外优秀的建筑师都可以手绘非常优秀的设计草图。优美的设计草图，也能使一个方案文本的艺术品位得到升华，它的艺术价值是计算机绘图所替代不了的。

　　建筑写生可以有多种表现工具，不同的工具有着各自的表现效果。本书基本是钢笔、美工笔写生，钢笔以其便捷自如、富于弹性、线条清晰流畅、挺拔有力及画作容易保存而成为许多建筑师、设计师写生及勾画草图的首选工具。美工笔有特制的弯头笔尖，所画线条可粗可细，笔触分明，可以点线面结合，使画面灵活生动、富于变化，立体层次感、视觉冲击力更强，是建筑写生、徒手表现的理想工具之一。

由于从小对绘画的喜爱，笔者选择了建筑师这个神圣的职业，出于对建筑的热爱，笔者尽可能保持着写生的习惯。艺无止境，建筑创作、建筑写生亦然，愿与建筑师同仁共勉。本书收录的作品中，除了"哈尔滨——历史的记忆"几幅画是参考历史资料所画以外，其他均系作者现场写生之作。主要对象是哈尔滨、上海、大连、青岛的历史建筑。此书可供相关专业学生、建筑师、设计师及历史建筑研究爱好者参考使用，也可以从中了解这些城市历史建筑的特点及背景。由于作者水平有限，所谈心得感想及画作定有许多不成熟、不足之处，敬请读者朋友们不吝赐教，多提宝贵意见。

李长敏

2020 年 10 月

目 录
CONTENTS

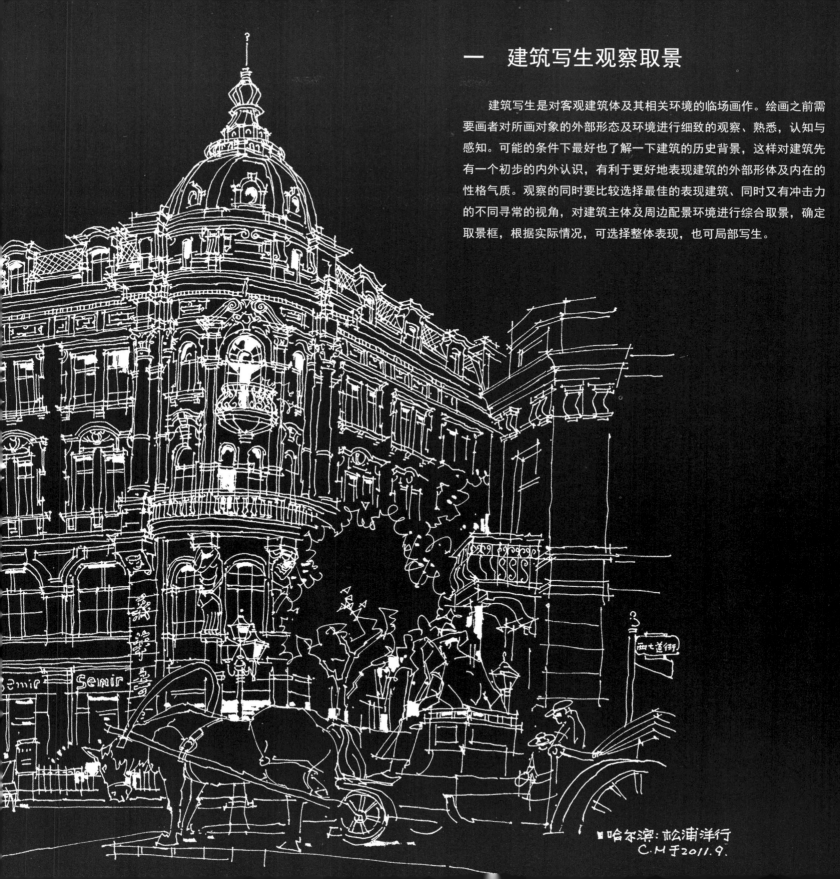

一 建筑写生观察取景

　　建筑写生是对客观建筑体及其相关环境的临场画作。绘画之前需要画者对所画对象的外部形态及环境进行细致的观察、熟悉，认知与感知。可能的条件下最好也了解一下建筑的历史背景，这样对建筑先有一个初步的内外认识，有利于更好地表现建筑的外部形体及内在的性格气质。观察的同时要比较选择最佳的表现建筑、同时又有冲击力的不同寻常的视角，对建筑主体及周边配景环境进行综合取景，确定取景框，根据实际情况，可选择整体表现，也可局部写生。

哈尔滨：松浦洋行
C.H于2011.9.

□ 哈尔滨圣·尼古拉大教堂

建于 1899 年，是一典型的俄罗斯风格的建筑。建筑以圆木井干式构架构成，上部为俄式传统木结构帐篷顶形式，其顶部穿插大小不等的俄式"洋葱头"穹顶，又似哥特风直插天空。建筑精致、秀气、典雅，极具个性，可谓上乘精品，惜毁于 1966 年。2010 年在伏尔加庄园复建。写生取景以教堂的主入口方向为主，主入口立面是最能体现教堂精华神韵的部分。人字形坡面入口、洋葱头形圆尖券、入口上部的钟楼、钟楼上部重叠的帐篷顶、大小高低不同的四个洋葱头顶等构成了极其精彩优美的组合。此画采用竖向构图的形式，视觉焦点位于主入口及上方，前景树、围墙、座椅虚处理，后景树阴影区实处理，这种对比关系反衬得主体更加突出。运用美工笔宽线点缀阴影区、门窗洞口等，使建筑立体感、视觉冲击力增强。

■ 建筑局部放大

■ 建筑全景

□ **上海圣三一基督教堂**

　　始建于 1866—1869 年，由
英国建筑师设计，是上海早期最
华丽的基督教堂。室内外均为红
砖砌筑，被称为"红礼拜堂"。
陡坡顶体现英式建筑特色，其高
耸的钟塔又体现出哥特式建筑风
格。建筑处于树木和围挡的遮挡
之中，通过观察，选择了这尚能
透出一部分主体又能体现建筑风
采的角度。视觉中心为主体的上
部，给以重点刻画，侧面虚化裁
减，对遮挡的树木及围挡进行舍
弃并艺术加工，以树木代替围挡
作为前景，虚化处理。

□ **上海交通大学图书馆**

　　建于 20 世纪初，由国内建筑师设计。清水红砖、红瓦坡顶、变异的三角形山墙、弧形半圆券等体现英国中古时期建筑特点。取景避开茂盛的树木，视角对准中间主体部分及左侧，既能很好地展示建筑，又取得了很好的视觉效果。

□　哈尔滨龙门宾馆贵宾楼

建于 20 世纪初，哈尔滨早期的高级旅馆，是哈尔滨新艺术运动风格的经典建筑之一。主入口的金属曲线大雨篷极具特点，具有浓郁的新艺术运动风格。该建筑沿街比较扁平，若整体表现势必平淡，而转角部分正是建筑的精华所在，通过比较确定此为最佳表现视角。

■ 建筑局部放大

■ 建筑全景

□　哈尔滨中央大街

　　百年中央大街汇聚了几十座具有西方古典主义、文艺复兴、巴洛克、法国新艺术运动等多种建筑风格的优秀历史建筑，充满了浪漫的欧陆风情，可谓世界建筑艺术的殿堂，是哈尔滨"东方小巴黎"的象征。中央大街由此也位列全国历史文化名街三甲，是国家 4A 级景区，并获国家"人居环境范例奖"及"建筑艺术博物馆"称号，2008 年被联合国授予"联合国建筑成就奖"。走在中央大街上，仿佛置身于欧洲古城的街道，流连忘返，百游不倦，百看不厌。取景选取中央大街最美的两个建筑——马迭尔宾馆及左侧有穹顶的教育书店为主建筑，整体构图以法国新艺术运动风格的马迭尔宾馆为主体，转角顶部为视觉焦点，通过远近、高低、主次、虚实的处理手法，展示街道两侧建筑及街道的纵深感。通过对熙攘的人群、树木、街牌、特色灯柱、牌匾广告标识等的刻画，烘托中央大街浓郁的人文、商业、绿色生态气息。

■　街道全景

■ 街道局部——马迭尔宾馆

现为哈尔滨少年宫，呈较明显的文艺复兴建筑风格，是一座非常秀丽典雅的历史建筑。建筑位于省博物馆转盘道旁，取景位置视角受到限制，为避免受干扰，笔者于凌晨5点在转盘道里选择了最佳的表现视角。同时也把远处另一个历史建筑移位纳入取景框，来烘托欧陆风情的环境氛围。在有限的时间内，运用美工笔的宽细线条快速表现，是一幅较有韵味的线条表现画。

■ 建筑所在的博物馆广场一角

■ 建筑全景

□　哈尔滨香坊火车站

　　建于 1925 年，是一座精致典雅清新的古典建筑。屋顶形式为被称为"天下第一顶"的法国孟沙顶，总体呈现新古典文艺复兴风格，主入口斜拉杆铁艺雨篷又体现新艺术运动的手法。这种斜拉杆手法影响至今。该建筑立面较扁长，对称布局，重点在中间部位，故选择近距离侧向描绘局部，取得了很好的视觉效果。

□　**上海复兴中路克莱门公寓**

　　1929 年竣工，坡屋顶及水泥墙面上的红砖装饰很有特点，当时为上海高档商业住宅区。取景主要表现小区的组团院落环境，以及花草树木、平房、晒衣竿、人物等，烘托了浓郁的生活气息。远处的建筑为视觉焦点、构图中心，近处的大树、建筑渐虚处理，形成有层次的院落空间。

□ **上海马勒别墅**

　　建于 1936 年，陡峭的坡屋顶、阁楼折线虎窗、跌坡折线山墙等都体现出北欧建筑的特点，中间高耸的尖坡顶又有着哥特式建筑的影子。建筑奢华精致，被称为"梦幻城堡"。由于树木遮挡较多，取景选择了建筑最有特色且没有遮挡的中部为主景，两侧前景树木虚处理作为收尾，主体建筑作为远景处理，前面开敞的草坪显示出别墅宁静怡然的氛围。

□ **上海外事办**

在上海的街头，经常能看到一些优美的历史建筑，吸引着行人的目光。这也是一座非常精致典雅的建筑，遗憾的是只能在围墙外选择取景，只能以侧面为主，但侧面形象也能彰显其精美的神韵。由于树木遮挡太多，写生时需要走近建筑跟前很多次，记在心里再默画，比较艰难。画面对树木进行了必要的裁舍。

□　哈尔滨量具刃具厂

　　建于1953年，近现代折中主义风格，具有苏联建筑特点，顶部渐退成塔楼，是一座很有朝气的优秀近现代建筑。建筑横向较长，树木遮挡又多，不宜取全景，故选取中部最有特色的高塔为主体，采用竖向构图的形式，以马路绿化带上的树为前景，主体突出，空间层次丰富。

哈尔滨量具刃具厂 1953.
C.M　2011.9.

意大利总会，法文艺专。
1925.C.M写生 09.10.

□　上海意大利总会

　　建于 1925 年，具有巴洛克建筑特点。这是从绘画条件很差的立交桥下取景，画面中要处理好街路景观与建筑主体虚实主次的关系，表现出建筑环境氛围。

□ 哈尔滨颐园街 1 号波兰巨商豪宅

建于 20 世纪初，现为革命领袖视察黑龙江纪念馆，毛泽东、周恩来等曾在此下榻。屋顶为法国孟沙顶，墙身配以古典柱式，弧形断山花体现巴洛克式特点，铁艺栏杆呈现新艺术运动风格，总体体现古典文艺复兴风格。经过反复观察，画全景已不可能，此取景视角选择既可尽量避开茂密的树木，又能表现出建筑主体的精华所在。

■ 建筑局部放大

颐园街1#. 革命领袖纪念馆
C·M 罗子 2012.5. 哈尔滨

■ 建筑全景

□ 青岛福音堂

德国式建筑风格，钢盔式穹顶是德国传统建筑标志性的符号。
建筑坐落在高地上，以高塔统领全局，整体构图优美，色彩、造
型亲切典雅，别具韵味与风情。这是青岛的标志性德式经典建筑。
画面采用全景表现，突出主体高塔。

二 建筑写生构图取舍

　　确定取景框后，首先要对画面进行构图安排。构图就是把要画的对象在画面中进行和谐统一、有序、有美感的有机组合，达到画面具有艺术感染力的视觉平衡，这是画面成功与否的第一关键。构图首先要确定画面中要重点表现什么，确定视觉焦点。视觉焦点就是画面的主体建筑或主体建筑中最精彩的部分，也是构图的关键点和入手点。构图要做到主次分明、重心平衡，把视觉焦点放在图面重要合理的位置上。所谓重要位置点一般在符合构图黄金分割点的位置，即把画面均分九块，中心块的四个角点就是安排主体视觉焦点的最佳区域位置，忌讳把主体布置在画面的中心线上，当然还要结合实际情况而定。根据建筑主体、视觉焦点来完善画面构图，视觉焦点处理也不能过分强调，和其他部分要逐渐过渡。同时根据取景框来确定是采用横向、竖向还是方形构图。

　　建筑写生不是照相，不能把取景框中所有的内容都画在图面上。对周围环境、配景既要客观表现，又要艺术处理提炼，灵活取舍、避让、裁减、移位调整，做到可画可不画的不画。画面既要真实有生活气息，又不能杂乱、喧宾夺主而影响主体，要画出意境，即艺术来源于生活而又高于生活。

□ **青岛总督官邸**

　　建于 1905 年，坐落于山顶，建筑面积
4000 平方米，中西合璧，造型独特震撼，豪华
而有气势，毛泽东主席曾在此下榻月余。画面
根据构图需要，对遮挡建筑的右侧树木适当裁
舍，左侧树木向右移位，与建筑软连接过渡，
使主体建筑更加完整突出，使画面的主体与环
境共生，和谐自然。

■ 建筑局部

■ 建筑全景

□ 　上海南京路

　　构图以两个高塔建筑物为中心，成主次焦点，其中右侧为主焦点，整体要构图均衡。远处及两侧渐虚处理，体现主次、纵深感，树木也要虚化，对远处的高层建筑及两侧建筑要适当裁减。熙攘的人群烘托繁华的城市氛围。

□ 哈尔滨中央大街万国洋行

　　建于 1922 年，折中主义建筑风格。建筑布局呈"U"形，开口面向中央大街，很有创意。构图视觉焦点为凹进的远景主体，背景高层建筑裁舍掉，建筑近处部分适当裁减虚化，前景高树虚处理，也衬托出空间的进深感。

□　上海龙华寺塔

　　始建于北宋，公元 977 年，历经修缮加固，塔顶仍倾斜一米余。采用竖向构图形式，视觉焦点在塔的上部，也近于黄金分割点的位置。树冠与塔身咬合，使高塔不至于孤单呆板。在突出塔的高耸时，底部围墙、建筑等环境的取舍处理使高塔又有了稳定感。塔身上实下虚，配景衬托适当，尽量表现出画面的空间层次及场所氛围。

■ 建筑局部

■ 建筑全景

□　哈尔滨伏尔加庄园建筑一

　　俄罗斯经典建筑再现，具有俄式木构架民族风情特点。画面构图以近处的主体建筑为视觉中心，远处的建筑为呼应。主体建筑背景树丛裁舍掉树冠，以突出主体的帐篷顶尖塔，并加重树丛阴影区以衬托主体。前景树木虚处理。整体画面构图主次、虚实处理比较适当，空间层次比较丰富清晰。绿树、栅栏、建筑构成了一幅具有田园建筑特色的画面。

选择透视感强且取景又较完整的视角，构图要处理好主体的位置及主次、远近的透视关系。

□ 哈尔滨阿列克谢耶夫教堂

　　建于 1930 年，建筑体现俄
罗斯巴洛克建筑风格，高耸的
钟塔、洋葱顶又有哥特建筑特
点。清水红砖，雕砌精美，是
哈尔滨现存规模比较大的东正
教堂。画面采用竖向构图，充
分展示教堂垂直高耸的感觉。

■ 建筑局部

圣阿列克谢耶夫教堂．
1930．C．H 于 2012．哈．

■ 建筑全景

□ 哈尔滨红霞街外侨私邸

　　建于 20 世纪初，呈中世纪塞堡式田园建筑风格，红顶灰墙，很有特色。由于树木遮挡很多，故选择最能体现建筑特色的局部写生。

□ 上海外滩气象信号塔

　　建于 1907 年，墙身水平线装饰及铁艺栏杆体现文艺复兴及新艺术运动特点。整体构图以高塔为视觉焦点、构图中心，竖向的高塔与外滩建筑群背景成横竖的对比。以平台、江面为环境配景，适当取舍，构成一幅高低错落、和谐统一的画面。

□ **上海外滩建筑群**

上海外滩建筑群是上海的象征，众多优秀历史建筑争奇斗艳。画面主要表现外滩多姿雄伟的建筑群，主体建筑为最高的中国银行，位于构图的黄金分割点上，背景中的一些现代高层建筑被舍去，避免喧宾夺主。远景及前景建筑渐虚展开，建筑上实下虚，以树木过渡。前景人、平台栏杆下适当裁减虚化，近景树木与建筑下部的实虚对比及远景树木重色阴影区的处理，体现出很好的远近空间关系。

□ 哈尔滨中央大街松浦洋行

　　建于 20 世纪初，现为教育书店。建筑采用大量的曲线、涡卷、浮雕雕像，是比较典型的巴洛克建筑，屋顶穹顶等又体现出文艺复兴建筑的特点，被称为哈尔滨最漂亮的建筑。写生采用方形构图形式，把铜马车雕塑作为最前景，渲染气氛，另一前景为转角建筑，其设置具有空间导向性，与主体间以树木作为空间过渡，主次、虚实处理较适当。

■ 建筑局部

哈尔滨：松浦洋行
C.M于2011.9.

■ 建筑全景

□　上海王伯群住宅

　　1934 年建成，时为国民党交通部长王伯群官邸。外观兼有意大利城堡、哥特式风格。这是一座非常优美的建筑，笔者共去三次才获得允许进院写生。建筑被大树遮挡住一半，故写生时把大树向右移动一下，表现出建筑的大半部分，建筑外观呈对称形式，因此能想象到建筑的整体形象。

上海王伯群住宅
1934哥特·田园·C.M写于2010.8

□ 上海沐恩堂

　　建于 20 世纪 30 年代，外观为美国学院派复兴哥特式风格。高耸垂直的钟塔与水平横向的主体形成对比，高塔主体成为视觉焦点。构图采用高塔尽量满构的形式。远处背景移取一建筑，使画面丰富并界定城市空间环境。

□ 哈尔滨道外清真寺

　　建于1935年，呈俄罗斯及伊斯兰建筑特点，主体渐退的高塔又有些哥特风。画面采用竖向构图形式，将挡在外面有碍观瞻的商亭围墙裁舍，把建筑的底部及内部环境表现出来。

1935
清真寺

哈·清真寺·C.M 2012.

二　建筑写生表现步骤

■　落笔表现顺序

起笔点要选择能掌控全局的部位，一般选择建筑的主体或视觉焦点处入手，逐步展开。可采取先上再下、先前再后、先中间再左右，先主再次、再环境配景的顺序。起笔绘画顺序还要根据实际情况及不同的绘画者习惯而定。先在头脑中完成大体的构图后，再确定主体建筑的大小、位置。初学者可先用铅笔打草稿，在达到一定的掌控能力之后，笔者建议直接用钢笔入画，这样运笔不受约束，线条流畅生动有韵味，即使第一笔有偏差可再画一笔矫正。起笔之处建筑部位的尺度与设想的建筑整体的尺度比例要恰当，可用手比量一下，否则最后就可能出现建筑整体画大或画小的情况，导致构图失败。这种以手比量的办法是笔者经常采用的，无需铅笔打稿，基本能一气呵成，非常有效。

绘画时要随时比较各相邻部位的比对关系，互为参照物，包括彼此间的高低、大小、前后、尺度关系等，同时要掌控好整体的透视走向，只有这样才能准确客观地表达对象的形体结构。落笔前要观察好了解好要画的部位，意在笔先，胸有成竹，肯定流畅，犹如中国的行草书法一样。不能看一眼画一笔，这样线条就迟涩无味了。

■　建筑配景及相关环境处理

建筑的配景及相关环境起到烘托主体的作用，使画面具有真实性，同时也能表明建筑处于什么样的环境。没有环境配景，建筑就成了枯燥的建筑模型，就失去了活力。配景主要有人、车、树及一些基础设施等。尤其配景中的人是非常必要的，其很重要的一个作用就是可作为建筑尺度的参照物。配景环境一般是最后画，但有些位于前景的配景及和建筑局部相重叠的配景有时也需要和主体穿插来画，互相衬托，这需要灵活掌握。配景环境要有取舍，不能见什么画什么。建筑写生有别于照相，对配景环境要艺术处理，既要尊重客观又要灵活取舍，做到可画可不画的就不画，既要真实又不能杂乱张扬。最后要对画面进行总体宏观的观察调整，签字落款以不破坏画面整体效果为原则，不可张扬，也可以作为均衡构图的元素。

■ 落笔表现顺序

□ 上海邮政大楼

　　1924 年建成，是一座融英国古典式、古罗马巨柱式及意大利巴洛克（钟楼部分）风格为一体的折中主义建筑。写生时在头脑中完成大体的构图后，再确定主体建筑的大小。确定建筑的转角部分为视觉焦点，落笔从上部的檐口开始，要准确定出顶部转角部位的尺度，再向下、向左右展开，塔楼部分在主体大致轮廓完成后再画，这样能更准确地掌控塔楼的比例尺度，之前留好塔的画面空间。

□　哈尔滨市建筑设计院

　　这是一座仿原址教堂造型而改造的建筑，改造效果很不错。视觉焦点位于建筑的顶部，落笔从这里开始。前景树木等要和建筑穿插来画，配景要先画前景再画后景，这里对前景树、人、路灯、地下通道、公交车、公交站亭、远景建筑等分层次绘画，形成很好的空间效果及城市环境氛围。

□ **哈尔滨圣·索菲亚大教堂**

　　1923 年动工，1932 年建成。这
是一座典型的俄罗斯风格的建筑，
大洋葱头穹顶、帐篷顶、半圆尖券、
精致复杂的清水砖雕等都体现出俄
罗斯建筑独有的特色。拉丁十字的
平面布局及外观的大穹顶源于古典
拜占庭风格，堪称经典。建筑雄伟
壮观，气魄非凡，为远东地区第一
大教堂。现已成为哈尔滨的形象代
言，可谓"镇市之宝"。

　　画面的视觉焦点为位于前部的
钟楼，落笔从帐篷顶开始，钟楼的
大小要比对好，依次向下画墙身入
口，再穿插画后面的大穹顶、鼓座、
右侧的小帐篷顶等，同时要随时兼
顾、比对相邻部位的大小、高低、
比例尺度及透视关系，"左顾右盼"，
只有这样才能准确地把握这一形体
极其复杂的建筑造型，处理好建筑
主次、虚实、远近的关系。

■ 建筑局部

■ 建筑全景

哈尔滨圣索菲亚大教堂 C.M 写于2013.5.

□ **上海俄罗斯领事馆**

　　建于 1916 年，是一座融合了多种建筑风格的折中主义建筑。如德式的穹顶、法国孟沙顶、德式老虎窗、西班牙巴洛克山墙、新艺术铁艺栏杆等。建筑清新亮丽，壮观不失亲切，华贵不失典雅，是一座非常优秀的历史建筑。绘画时先确定主体建筑的大小，落笔从近处的转角屋顶开始，在主体大致轮廓完成后再画塔楼部分，使塔楼的比例尺度能更准确。

■ 建筑的配景及相关环境处理

□ 哈尔滨意大利领事馆（早期）

1919年建成，1920年设为意大利领事馆，原为意大利富商豪宅，建筑呈现意大利塞堡式及新艺术运动风格，其围墙部分也非常别致精美。建筑局部已经破损，笔者又根据以前的历史资料加以完善。右侧前景建筑以简单的竖线表示出相关的建筑环境，墙面留白虚化，计白当黑。曾有20多个国家在哈尔滨设立领事馆，外国侨民达十多万人，哈尔滨曾是名副其实的仅次于上海的远东国际都会。

原意大利驻哈尔滨领事馆 1920.
C.M 写生 06. 新艺术运动浪漫主义风格.

□ **上海豫园湖心亭广场**

画面表现以湖心亭为构图中心，表现出广场的环境氛围。两侧虚化的建筑及远处的围墙、背景大树等，体现出广场的围合空间，熙攘的人群渲染了广场热闹的气氛。远处的重色树荫处理体现出空间的纵深感。

□ **哈尔滨犹太会堂**

建于 1918 年，尖券门窗及墙面的尖形装饰体现出犹太建筑的特点，顶部半圆大穹隆很有特点。入手点为建筑前部转角顶部，画面表现宗旨为城市中的建筑，注重了都市环境的表现。

四　建筑写生表现风格

　　钢笔建筑表现风格主要有以线条为主的结构轮廓式、线与面组合式、明暗面素描式表现等。

■　线条表现

　　线条表现是以精简概括的线条来表现建筑的形体结构轮廓，不表示明暗排线的表现形式，似中国传统白描画，是造型绘画最基本的手段之一，也是最常见的钢笔写生绘画表现形式。线条表现手法对线条的要求比较高，线条要流畅肯定、明快清晰，不宜过于呆板平直而失去徒手画的韵味，线条忌犹豫拖拉迟滞。线条表现可以通过线的疏密、轻重、粗细来表达画面的主次、虚实、远近。钢笔以其便捷自如、线条流畅、挺拔有力、富于弹性及画作容易保存而成为许多建筑师、设计师写生及勾画草图的首选工具。其中美工笔以其特制的弯头笔尖，所画线条可粗可细，笔触分明，可以点线面结合，而成为建筑写生、徒手表现的理想工具之一。线条表现可适当运用美工钢笔的宽线条来点缀建筑的门窗洞口、阴影及树木等配景的阴影区，使画面灵活生动富于变化，光感、纵深感、立体层次感、视觉冲击力更强。线条表现写生相比线面的表现用时短，易于表现，非常适合建筑师写生及收集建筑语汇。

■　线面、明暗面表现

　　线面表现，既首先采用精简的线条来表现客体的轮廓结构组成，又在其暗面、阴影区适当施以排线明暗调子形成较强的立体感、光感，形成另一种厚实的风格。线面表现可以以线为主，局部施以暗面阴影，也可以以面为主，线为辅，近于明暗面的画法。明暗面的表现近于立体的素描画法，是用面来表达建筑的形体关系，给人以厚重立体的美术感染力，但需要较长时间，更适合专门的美术创作。这两种表现手法都需要良好的素描功底，有一定的难度。要选择好建筑的明暗面方向及明暗对比的协调关系。

　　建筑写生往往受到时间等条件的限制，需要快速表现，选择哪种表现风格因人、因实际情况而定，不宜后期对照照片对明暗面大量加工处理及后期补配景环境等。因为写生就是临场的画作，离开了现场就失去了临场创作的连续性，缺失了激情与灵感，失去了真实生动性，也会出现错误的判断，同时降低了作品的价值。

■ 线条表现

□ 大连中山广场花旗银行

　　原为日本统治时期的民政署，建筑呈现哥特式建筑特点，又具有中世纪塞堡、浪漫田园建筑的风格。本页写生是一幅运用美工笔特点的线条表现画，笔触比较清晰，线条疏密、虚实、黑白对比得当，画面较有感染力。

□ 上海北京西路 1220 号住宅

建于 1930 年，西班牙建筑风格，山墙弧线组合体现西班牙巴洛克山花形式。本页画作是一幅以快速的线条表现、特殊的视角、较好的构图、在天黑前有限的时间内完成的建筑速写。

□ 哈尔滨圣·尼古拉大教堂

　　建于 1899 年，是一典型的俄罗斯风格的建筑。建筑以圆木井干式构架构成，上部为俄式传统木结构帐篷顶形式，其间穿插着大小不等的俄式"洋葱头"穹顶，又似哥特风直上天空，象征神权不可侵犯。木构架雕饰也极其精美，堪称建筑精品。惜于 1966 年被毁，2010 年在伏尔加庄园复建。此幅画表现以线条为主，在准确把握建筑形体的基础上，从顶部的洋葱头开始，下笔要肯定、流畅、快速，展示出线条的韵味。前景树以轮廓线虚处理，地面道路表现简练而流畅。线条不能迟滞，画错一笔没关系，可再补一笔。

■ 建筑局部

圣▲尼古拉大教堂 世界经典
C.M 写于伏尔加庄园 10.8.

■ 建筑全景

□ 哈尔滨东大直街基督教堂

　　建于 1916 年，是一座小巧
而简约的教堂，俄罗斯式的帐篷
顶尖塔体现出哥特式建筑特点。
用简洁流畅的线条尽量准确地表
现出建筑的外形结构。

基督教堂1916.
哈·C.M.于2011.9.

□ 上海外滩东风饭店

　　建于 1910 年，是一座受巴洛克风格影响的西方晚期文艺复兴、折中主义建筑。建筑精美华丽，高贵典雅。画面运用美工笔的宽细线条来表现建筑的特色、环境配景及空间关系。用美工笔宽线条来表现树叶，点缀树木、门窗洞口、车的阴影区，使画面更生动丰富，更有空间层次感。

□　**哈尔滨圣·索菲亚大教堂**

　　1923 年动工，1932 年建成。这是一座典型的俄罗斯风格的建筑。以线条为主来表现，画面的视觉焦点为大洋葱头穹顶及鼓座，下笔从鼓座开始，钟楼的大小要比对好，依次下画墙身，再穿插画两侧的帐篷顶，顶部大穹顶可晚些画，以便于更准确把握大穹顶的比例尺度。同时要随时兼顾、比对相邻部位的大小、高低、比例尺度及透视关系，"左顾右盼"，把握好建筑的整体造型。

□ **上海龙华寺地藏王殿**

　　建于 1875 年，中国古建筑三重檐楼阁形式，庄重不失灵巧飘逸。画面主要表现主体建筑地藏王殿及院落的空间关系。屋顶的曲线、前后檐口的透视关系及构件的概括是线条表现的关键，线条要准确、肯定、流畅。通过线条的疏密处理以取得虚实、主次的对比效果，如三重檐的上实下虚，前实后虚，表现出琉璃瓦屋面的光感等。并对入口辅以重色宽线强调，以远景树的阴影区来衬托主体的突出及院落空间的纵深感。配景香炉、人物等烘托了场所氛围。

■ 线面、明暗面表现

□ **哈尔滨东省特别区公署**

建于 1908 年，现为南岗区少年宫，建筑呈现古典复兴折中主义风格。建筑立面比例严谨，设计宗于古法，注重细部，精致典雅。取景选择中间入口部分，以线面来表现建筑丰富的形体变化、细部构造，展示建筑的立体感，主入口又是表现的重点。

□ **哈尔滨中东铁路高级住宅**

1908 年竣工，建筑呈现新艺术运动、折中主义风格，具有俄罗斯建筑特点。远处的建筑为俄侨学校，现同为少年宫用房，二者融在统一的取景框中，以烘托场所氛围。采用线为主、面为辅的手法对视觉焦点尖塔处重点刻画。

□ **哈尔滨道外清真寺**

　　建于 1935 年，建筑具有俄罗斯、伊斯兰建筑特点。线面处理反映出建筑厚重的体量关系。重点刻画前景及主入口部分，明暗对比比较强烈。

□ **哈尔滨汇丰银行**

　　建于 1923 年，新古典折中主义建筑风格。重点处理暗面、阴影、门窗洞口的表现，同时要选择迎光面，强调形体的素描关系、光影、虚实变化等。排线笔触要有规律、韵律。

□ 哈尔滨中东铁路俱乐部

1911 年建成，建筑呈现古典复兴、巴洛克式的折中主义风格。选择有建筑特色的局部写生。

□ 哈尔滨工业大学建筑学院

建于 1953 年，是一简化的古典主义建筑，尤其是山花的简化处理，值得借鉴。构图取景进行合理的取舍裁减，主体突出，两侧弱化虚化。

□ 哈尔滨红军街中东铁路
理事所兼私邸

  建于 1920 年，是一座优
秀的具有新艺术运动风格及俄
罗斯田园风情的建筑。俄罗斯
式帐篷顶、精致的木构架檐口
装饰、阳台、栏杆、深挑檐、
曲线屋顶和雨篷等，构成了一
座个性鲜明、飘逸轻巧、精致
典雅的小品建筑，是国内独有
的哈尔滨建筑特色。为表现檐
口暗面及玻璃阴影，采用排线
及重色表现。

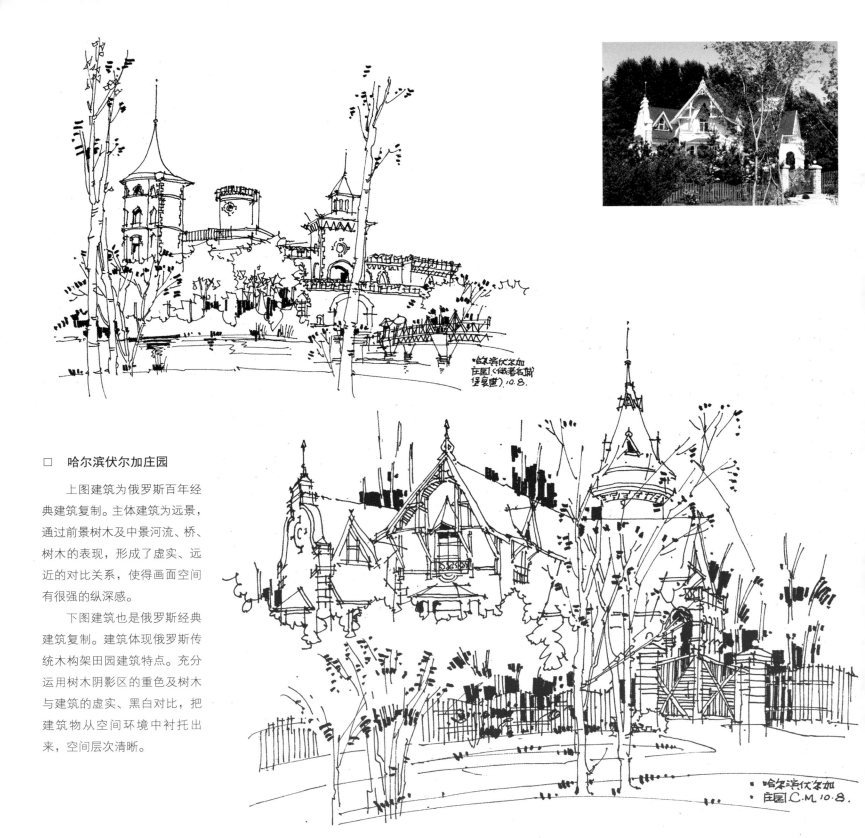

□　哈尔滨伏尔加庄园

上图建筑为俄罗斯百年经典建筑复制。主体建筑为远景，通过前景树木及中景河流、桥、树木的表现，形成了虚实、远近的对比关系，使得画面空间有很强的纵深感。

下图建筑也是俄罗斯经典建筑复制。建筑体现俄罗斯传统木构架田园建筑特点。充分运用树木阴影区的重色及树木与建筑的虚实、黑白对比，把建筑物从空间环境中衬托出来，空间层次清晰。

古希腊就有"对立造成和谐"的美学观点，对比就是对立统一，是建筑创作造型、绘画艺术等重要的运用手法，画面离不开对比的运用，对比是永恒的主题。对比可分为明暗、黑白、虚实、大小、远近、粗细、繁简、疏密、横竖等。有了对比，才能使主体更加突出，画面更加生动。明暗黑白的对比可增强画面的视觉冲击力、立体感；虚实的对比可使主次、空间层次更加分明；远近的对比可使空间更有层次感、纵深感；繁简疏密的对比可使画面重点更加突出，密处线条丰富，疏处亦可计白当黑。空间层次是否清晰是一幅画成功与否的关键。关于空间层次的界定，一般情况下我们把所画的对象大致分为前景、中景、远景，画面中的主体往往设在前景、中景的层次中较多，这就要求用虚实等对比的手法处理好前、中、远景的空间关系。前景不一定实，后景也不一定虚，这都要根据主体所处的位置而定，目的就是衬托主体的实、主次分明。

□ 哈尔滨中东铁路电话局

1907 年建成，具有中世纪塞堡浪漫田园式建筑的
特点。横向的建筑及水平线条与垂直的树木形成对比。

□ 上海外滩建筑群

　　以电报大楼为构图中心，远处的建筑渐低渐退，左侧上方形成大面积的空白天空与建筑形成对比。前景建筑的虚与前景树木的实形成对比，主体建筑的实与前景树木的虚形成对比，近处树木与远处树木又形成虚实的对比，平台、人物下部的虚化与上部实体形成对比，对比使画面充满活力。

□ 上海城隍庙

　　建于 1927 年，中国传统祠庙建筑与江南民居建筑风格的结合。主体与右侧前景建筑有虚实的对比，左侧配景建筑与主体建筑相接处虚化处理，线条不要搭接上，体现出相互间的通透及距离感。前景树木虚处理，拉开空间层次。主体屋面瓦疏密的对比具有光感效果。主入口阴影区的重色成视觉焦点，与白墙面又形成黑白的对比。

□ 哈尔滨犹太巨商私邸

　　建于 1914 年，古典复兴、巴洛克风格，建筑庄重严谨，精美高贵。画作中的建筑近实远虚，主体实、配景虚，尤其是前景车下部分虚化省略，使画面更具灵气，飘逸不呆板，计白当黑，给人以想象的空间。

□ 上海跑马总会

建于 1933 年，现为上海美术馆，是英式新古典主义为主要特点的折中主义建筑。建筑精致，格调典雅。建筑以高塔为视觉焦点，统领全局，建筑近景线条渐疏至留白，与主体部分形成对比，垂直高塔与水平建筑形成对比，树木与主体形成虚实对比。

上海美术馆 原跑马总会
建于1933. C.M写生.09.

□ 哈尔滨伏尔加庄园

　　俄罗斯百年经典建筑再现。建筑体现出俄罗斯传统木构架田园建筑特点，又具有新艺术运动风格，是一座非常精美、极具特色的小品建筑。主体檐口、入口重色点缀，左侧树木与建筑咬合虚处理，右侧树木实处理，远景树木阴影区重色处理与空白屋顶成反衬。

△伏尔加庄园 C.M.10.

□ 哈尔滨圣母守护教堂

建于 1930—1933 年，拉丁十字布局，大穹顶、鼓座、花窗等呈明显的拜占庭风格，庄重典雅。画作应处理好树与建筑的虚实关系。

哈·圣册守护教堂.1930. C.M 2011.9.

□　上海北京西路 1510 号

建于 1930 年左右，折中主义风格。前景大树
虚化拉开了画面的空间距离，丰富了空间层次。

六　作品赏析

■　哈尔滨历史建筑写生

■　哈尔滨——历史的记忆

■　上海历史建筑写生

■　大连历史建筑写生

■　青岛历史建筑写生

■　生活速写

■　学生时代速写与写生

■ 哈尔滨历史建筑写生

□ 哈尔滨伏尔加庄园

俄罗斯经典建筑再现，虚实、黑白的对比，背景树冠裁舍成空白以突出主体。

哈尔滨伏尔加庄园.C.M写于10.8.

□　哈尔滨防洪纪念塔

　　建于 1958 年，由苏联建筑师设计，
是哈尔滨的十大名片之一。

□　哈尔滨日满文化协会

　　建于 1933 年，现为市群众艺术馆。建筑主
要呈现巴洛克风格，是一座高贵优雅的历史建筑。

建于 1912 年，曾为葡萄牙领馆，古典文艺复兴风格。

□ 哈尔滨文庙（孔庙）大成殿

　　建于 1926 年，是东北地区最大的孔庙。筹建得到了张学良将军的支持，以抗衡城市文化过于洋化。取景构图以大成殿为中心，两侧建筑虚化，体现院落围合感，竖向高大的前景树增强了院落的进深感，同时也与横向的殿顶形成横竖的对比关系。对遮挡建筑的树木给予适当的裁舍移位。

哈尔滨文庙大成殿写生
C.M 08. 1926建.

哈尔滨文庙（孔庙）棂星门

建于1926年，以棂星门后面的树荫衬托出主体及空间的深远通透，表现出院落氛围。

哈尔滨文庙 C.M.08.
建于1926. 棂星门.

□ **哈尔滨极乐寺塔院**

　　建于 1939 年，以砖塔及下部的地藏殿为主体进行构图，视觉焦点定
位于地藏殿。左前小塔、右侧寺庙虚化，塔向上渐虚，塔与下部建筑之间
要留有空隙，以体现空间距离感。画面要主体突出，体现出院落场所氛围。

□ 哈尔滨极乐寺塔院一角

　　建于 1939 年，构图以大树石碑为前景，主体建

筑为远景，以体现院落的环境氛围及纵深空间感。

□　哈尔滨东省特别区图书馆

　　建于 1928 年，现为东北烈士纪念馆，呈古典复兴式建筑风格，其大山花及科林斯柱式是哈尔滨古典主义建筑的代表。画面下部柱廊檐口处施以重色阴影，体现柱廊的进深感。

□ 哈尔滨犹太中学

　　1918年建成，是一座很有特色的建筑，马蹄形、尖券形的门窗洞口，椭圆形穹顶及墙面特有的雕饰图案等，都体现出犹太建筑的特点。

□ **哈尔滨莫斯科商场**

　　建于 1906 年，现为黑龙江省博物馆，是哈尔滨新艺术运动风格的典型代表。屋顶为法国文艺复兴式的方底穹隆、三心半圆窗、直通顶部的壁柱墙体、墙面装饰、屋顶铁艺等又体现出新艺术运动建筑风格的特点。

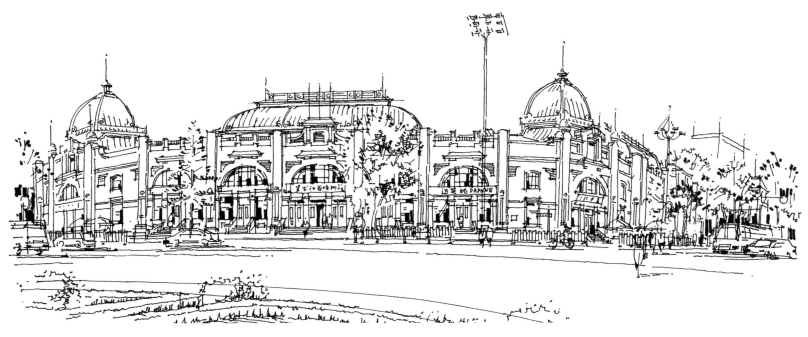

□　哈尔滨犹太总会堂

　　建于 1931 年，是一座带有文艺复兴思潮及犹太建筑特点的建筑。主要表现环境中的建筑。

通江街犹太总会堂 1931建
C.M 写生.

□ 哈尔滨圣母守护教堂

受条件限制，视角只能选择有大树的一侧，视觉焦点为入口上部的钟楼，将前景大树移走很困难，可适当虚处理，大树和建筑自然和谐相处。

■ 哈尔滨·圣母守护教堂1930.
C.M. 2011.9.

□ 哈尔滨日本总领事馆、苏联音乐专科学校

现为省外事办，古典文艺复兴建筑风格。画面体现建筑与城市的关系及真实的环境。

□　哈尔滨火车站北广场

　　这是一座仿原哈尔滨老火车站的建筑。老火车站建于 1904 年，毁于 1959
年，是一座极其优秀的具有新艺术运动风格的历史建筑，造型优美活泼，舒展
大方，构思巧妙，动感强烈，主体标志性的曲线、前卫的拉杆金属雨篷影响至
今。现仿建的火车站体量虽然大许多，但也颇具其神，算比较成功。

□　哈尔滨圣伊维尔教堂

　　始建于 1907 年，1908 年建成，是一座具有浓郁俄罗斯风格的建筑，六个大小不等的洋葱头穹顶高耸向上，象征神权至上，壮观有气势。2017 年修复，不过本是鱼鳞铁材质的洋葱头部分，采用玻璃钢材质修复效果不太理想。

□ 哈尔滨波兰巨商豪宅

　　建于 20 世纪初，现为革命领袖视察黑龙江
纪念馆，是一座严谨庄重、华贵典雅的优秀建筑。

□ **哈尔滨圣母安息教堂**

建于 1908 年，是东正教徒祭祀的教堂，也是为数不多的钟楼与主体分离的教堂。造型精致小巧，别具匠心，呈明显的俄罗斯建筑风格。

□ 哈尔滨中东铁路高级官邸

　　建于 20 世纪初，现为南岗区展览馆。这是一座造型独特的呈现新艺术运动风格的精品建筑。设计摆脱古典束缚，为不规则造型，活泼多变。精美的木构架装饰极具特点，是国内少有的特色建筑。

□　哈尔滨比乐街华严寺

　　建于 20 世纪二三十年代，是哈尔滨为数不多的中国古典建筑之一。建筑高低错落，主体突出，布局紧凑，是一座小型的佛教建筑。画面表现运用美工笔的宽细线进行描绘。

□ 哈尔滨中央大街天植大酒店

城市环境，远近虚实的对比。

□ 哈尔滨双城火车站

　　建于1928年，由俄罗斯建筑师设计，是中东铁路鲜有的体现中国传统建筑形式的站舍，给人以耳目一新之感。建筑高低错落，设计以高塔统领全局，是整体构图的关键，老虎窗的设计很有创意，可谓中西合璧。

双城堡火车站局部.
建于.1928.CM写生.

□ 哈尔滨中央大街一角

　　中央大街充满了异域欧陆风情，位列全国历史文化名街前三甲，
是国家 4A 级景区，获国家"人居范例奖"、"建筑艺术博物馆"称号，
并获联合国"建筑成就奖"。绘画强调城市街区环境氛围，妥善处理
远近虚实。

□ 哈尔滨果戈里大街原环城银行

建于 1921 年。

□ 哈尔滨极乐寺大雄宝殿

建于 20 世纪 20 年代。

□　哈尔滨中东铁路普育中学

　　建于 1923 年，现为哈尔滨市第三中学。建筑呈中国古典建筑风格，作为俄罗斯设计师的作品尤为难能可贵。画面表现以前面小广场的大树为前景，烘托建筑与生态的宁静和谐。

□　哈尔滨东省铁路俄职员住宅区

建于20世纪初，黄色的外墙、局部凸出的白色砖饰、木结构坡顶、特色入口门斗等都体现出俄罗斯民间住宅风格，现已被命名为"哈尔滨·1898"历史文化街区。

□　哈尔滨中东铁路总厂俱乐部

建于1901年，折中主义风格。

□ 哈尔滨小尼古拉教堂

哈尔滨最早的简易教堂。

□ 老道外棚户区

□ **哈尔滨俄罗斯富商茶庄**

建于1912年，俄富商商店兼住宅。转角处呈文艺复兴特点的肋骨形橄榄穹顶极具个性，两侧的圆尖顶、高起的山花又具哥特风，铁艺体现新艺术运动手法，建筑尚有浪漫主义色彩。建筑外观色彩丰富醒目，极具商业气氛。

原哈尔滨俄国人茶庄.1912建(红军街).
C.M写生 06.6.现铁道贸易公司.
文艺复兴.哥特式.浪漫主义风格.

□　哈尔滨圣·索菲亚大教堂

　　1923 年动工，1932 年建成，这是一座典型的俄罗斯风格的建筑。

□　中东铁路职员竞技馆

　　建于 1910 年，集文艺
复兴、中世纪塞堡、哥特尖
顶、伊斯兰尖券墙面装饰等
多种风格于一身。屋顶变化
极为丰富多彩，是一座极有
特色的、色彩鲜明的精品建
筑。

□　老巴夺卷烟厂

　　1922 年竣工，墙面、山
墙砖雕饰精美，凹凸变化丰
富，体现出俄罗斯建筑处理
手法。烟厂能设计得如此讲
究，值得我们学习。

□ 哈尔滨江畔餐厅

建于 1930 年，亮丽丰富的色彩、精致的木构架、木雕装饰、墙面凸出的砖雕等都体现出俄罗斯建筑特色，是一座精致的小品建筑，风格特色国内独有。

江畔餐厅 造型别致 小巧玲珑 俄罗斯风格 建于1930 长敏写生

□　哈尔滨中东铁路游艇俱乐部

　　建于 1912 年，是哈尔滨松花江畔最具特色的建筑，是俄罗斯木构架装饰建筑的优秀作品。人字形坡顶窗套、红色又具有德式建筑特色的尖穹顶、栅栏式入口等都非常精致，极具特色，深受摄影爱好者及绘画者的喜爱。在台阶下取景是最能体现该建筑神韵的视角。以重色背景树为图底来衬托主体。大台阶要注意透视走向，近处留白虚化。

哈尔滨铁路江上俱乐部 建于
1912. 造型别致 小巧玲珑.

□　初春的海关街

□　哈尔滨交通银行

　　1930 年建成，现为农行道外支行，是哈尔滨鲜有的由中国建筑师（庄俊）设计的优秀历史建筑。建筑呈古典折中主义建筑风格。

哈尔滨花园街海关街一侧. C.M 写生 .06. 初春.

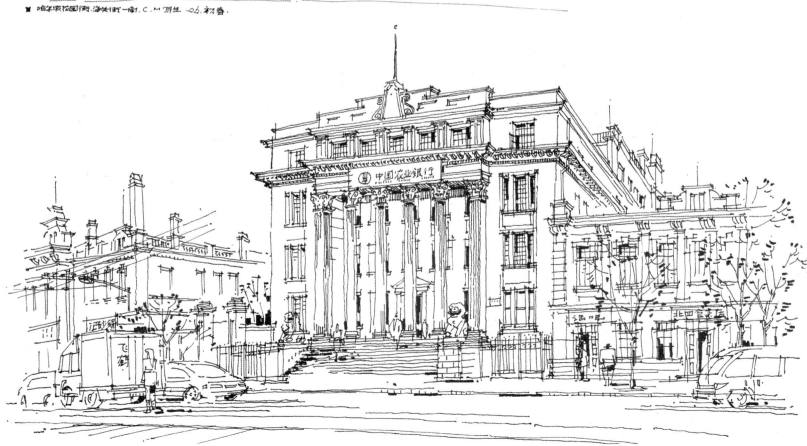

中国农业银行

□ 哈尔滨阿列克谢耶夫教堂

建于 1930 年，巴洛克建筑风格。洋葱头、帐篷顶为俄罗斯建筑独有的特色。

□ 哈尔滨极乐寺山门

　　建于 20 世纪 20 年代，当时建造该寺的目的是以中式建筑风格的寺庙来抗衡西方的宗教文化。通过主次、虚实、远近的对比，使画面主次有序，空间层次比较清晰。

□ **哈尔滨道台马忠骏府邸**

建于1910年，原为民国时期二品衔道台，颇具民族气节的东省特别区市政管理局局长马忠骏的府邸，现为和平村宾馆贵宾楼。建筑呈意大利中世纪塞堡式及田园浪漫式风格。金日成、周恩来、刘少奇等曾在此下榻。

□ **道台府广场**

1905年，清政府在哈尔滨设道以御俄守边，道元为正四品衔赏戴二品花翎，以示重视。

□ **哈尔滨英国领事馆**

建于 1919 年，英国新古典主义风格，简洁大方。

□ **哈尔滨吉黑邮务管理局**

建于 1922 年，建筑主要体现巴洛克、文艺复兴的建筑风格。

黑龙江省邮电管理局，原吉黑邮务局
建于一九三，巴洛克风格，长斌写生

□ **哈尔滨中东铁路管理局**

1904 年落成，新艺术运动建筑风格，建筑庄重古朴而有气魄。

□ **哈尔滨伏尔加庄园**

帐篷顶、木构架、木雕铁艺等都体现出具有新艺术运动、田园建筑特色的俄罗斯建筑风格。这是一幅快速写生画，绘画时突然出现的一匹马，为画面增添了一点情趣。

□ 哈尔滨中东铁路会办

　　建于 1908 年，是一座优秀的具有新艺术运动风格及俄罗斯田园建筑特点的建筑。俄罗斯式帐篷顶、精致的木构架屋檐下装饰、阳台、栏杆、深挑檐、曲线屋顶雨篷等构成了一座个性鲜明、飘逸清新、精致典雅的住宅建筑，是国内独有的哈尔滨的建筑特色。

哈尔滨——历史的记忆

　　法国大作家雨果说："建筑是石头的史书。"那城市是否可以说是建筑的史书呢？历史建筑是一个城市宝贵的文化遗产，是城市的无价之宝，它反映了一个城市的历史文明。文化底蕴，反映了一个城市的灵魂、形象个性、气质、品位层次，也可以用"腹有诗书气自华"来形容一个有文化底蕴的城市。没有了文化底蕴，即便有再多的高楼大厦也缺少些文化的根基，因此对历史建筑一定要加以重视和保护。哈尔滨曾有教堂、寺庙五十多座，曾有"教堂城"之称。基督教、东正教、天主教、犹太教、伊斯兰教、佛教、道教等诸教和谐共处，教堂建筑各具特色。惜"文革"中哈尔滨成了铲毁教堂的重灾区，再加上城建的原因等等，今存不足十处，遗憾之极。设想如能把这些教堂大部分保留下来，那将会给城市带来多么美好的景致。建议政府在可能的条件下复建这些优秀的历史建筑。

　　以下几幅画是作者根据资料所画，借此来重温、怀念那些优秀的历史建筑。

■ 哈尔滨圣母领报教堂 毁于 20 世纪 70 年代

□　哈尔滨圣母领报教堂（后期）

建于 1930—1941 年，可以容纳
1200 人，是远东地区最宏伟壮观的
教堂之一。建筑为拜占庭风格，气
势磅礴，造型精美，惜毁于 20 世纪
70 年代。2007 年原址的哈尔滨市建
筑设计院借鉴了一些该教堂的立面
形式进行了改造，颇有原教堂的影
子，效果不错，可参见本书 47 页画作。

□　哈尔滨老火车站

建于 1904 年，毁于 1959 年。
这是一座极其优秀的具有新艺术运动
风格的历史建筑，造型优美活泼，舒
展大方，构思巧妙，动感强烈，主体
标志性的曲线、前卫的拉杆金属雨篷
影响至今。2019 年火车站按此等比
例仿建改造。

□ **哈尔滨圣母慈心院教堂**（左上图）

　　建于 1927 年，位于马家沟营部街，造型精致奇特，引人注目。

□ **哈尔滨中华基督教大礼拜教堂**（右上图）

　　1923 年竣工，位于景阳街。

□ **哈尔滨圣伊维尔教堂**

　　是一座具有浓郁俄罗斯风格的建筑，六个大小不等的洋葱头穹顶高耸向上，象征神权至上，壮观有气势。"文革"时洋葱头被毁，2017 年修复。此为根据资料整理绘制。

□ 哈尔滨圣母领报教堂
（前期）

建于 1918 年，为俄罗斯风格的建筑，顶部形式丰富，大小洋葱头争相斗艳，极富韵律。

□ 哈尔滨圣母守护教堂

建筑尚存，此图是根据历史资料所画，主要是想表现当时的环境。该建筑位于东大直街，与远处的基督教堂都尚存完好。由图可见当年的绿化之好，然而现在的城建、道路改造等不科学，漠视绿化，许多路都光秃秃，城市生态景观很是丑陋，值得反思。

□ **哈尔滨俄罗斯人之家附属教堂**

建于 1923 年，位于马家沟文艺街。形似城堡，敦厚古朴，不拘一格。

□ **哈尔滨老圣·索菲亚教堂**

1912 年建成，位于现圣·索菲亚大教堂的北侧，呈俄罗斯建筑特点。

□ **哈尔滨香坊尼古拉教堂**

建于 1926 年，体现俄罗斯建筑特点，小巧玲珑，丰富多彩。

■ 上海历史建筑写生

□ 上海东方饭店

　　建于 1929 年，现为市工人文化宫，简洁的折中主义
建筑风格。绘画线条要尽量流畅刚劲，来表现建筑的挺拔
气势。画面要注意构图取舍，以及主次、虚实、疏密的处理。

C.M写生.09.6.
原东方宾馆.

　　这是一隐于内院的老建筑，具有英国安妮女王时
期的建筑特点。立面似一幅构成画，清水红砖，丰富
多变。但酒家中式的门脸却使建筑变了味。

122

□ **上海音乐厅**

　　建于 1929 年，新古典风格，由中国建筑师设计，为了地铁建设，曾被移动 66 米，这种保护文物的态度值得学习。

□ **上海外白渡**

　　建于 1907 年，现依旧坚固，令如今的若干豆腐渣桥梁汗颜。画作主题：桥与城市。

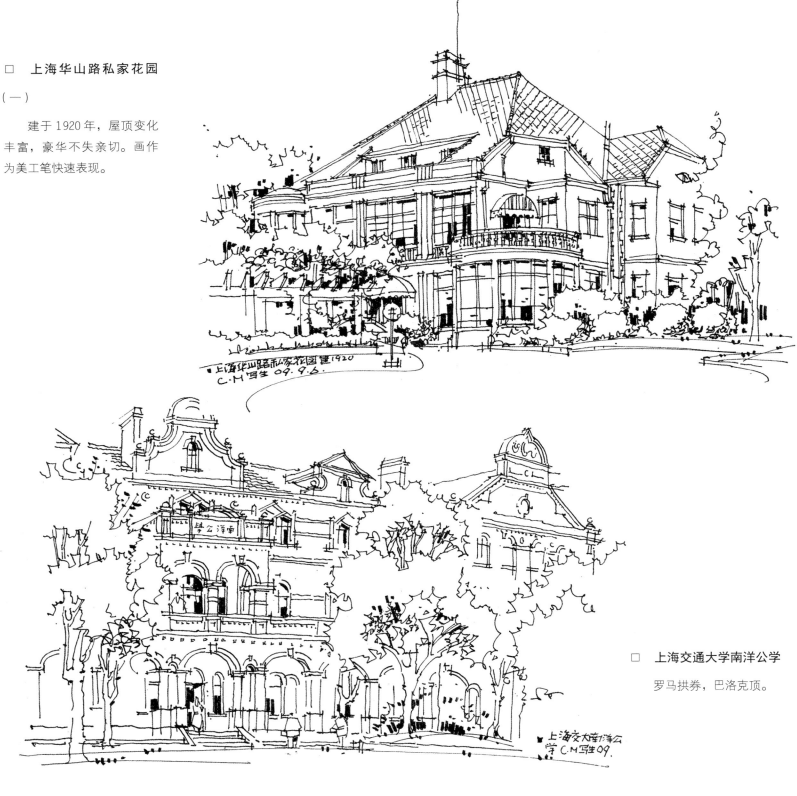

□ 上海华山路私家花园

（一）

　　建于 1920 年，屋顶变化丰富，豪华不失亲切。画作为美工笔快速表现。

□ 上海交通大学南洋公学

罗马拱券，巴洛克顶。

□　上海人民广场南京路建筑群

昔日的"东方纽约"之印象。此幅画作为快速写生。

上海人民广场.南京路速写
C.M 于09.9.8.
国际饭店1934. 华安大楼1926.
（现代）　　　.（古典折衷）

□　上海民国市政图书馆

□　上海俄罗斯领事馆

　　1916年竣工。具有德、法等建筑特点，
又体现文艺复兴、巴洛克、新艺术运动的
一些风格，建筑精致、华贵典雅。

□　上海淮海路私宅

□　上海中国红十字医院

建于 1910 年，建筑总体体现英国中古时期古典文艺复兴风格，入口处局部又有些巴洛克特点。转角顶很有特点，入口处精细严谨，建筑红墙绿顶，精致典雅、俊秀古朴。

□ **上海华山路私家花园（二）**

　　建于 1918 年，是一处典雅亲切的西班牙风格的私家花园。简洁厚重的入口大门、红瓦白墙，在大梧桐树的映衬庇护下显得清新明快，幽静怡然。画面以大门为视觉重心，为快速表现。

□ **上海华山路 263 号**

　　英国乡村建筑特色的住宅。街路偶遇，征得业主同意有幸进院作画。

□　**上海复兴中路克莱门公寓**

　　1929 年竣工，外墙上的砖雕、坡屋面都很有特点。画面体现出院落的空间感及生活气息。

上海皋兰路东正小教堂 达于
1932 C.H 写生 09.9.22

□ **上海皋兰路圣尼古拉斯东正小教堂**

建于二十世纪二三十年代，洋葱头穹顶、圆尖拱券墙体、细条窗、大墙面等都体现俄教堂建筑的特色。在上海，俄罗斯风格的教堂屈指可数，这与当时落难的俄国人在上海的数量极少及在上海的国际地位低有关。

□ **上海徐家汇天主大教堂**

1910 年建成，呈法国中世纪哥特式建筑风格。两个尖塔高耸入云，象征神权至上。红墙绿顶，古朴典雅，气势磅礴，是国内经典的哥特式建筑。

□ 上海龙华寺寺门与塔

　　建于1875年。此画作的画面空间层次比较复杂，主体建筑为大门及后景的高塔，视觉中心为大门。大门作为中景处理，重点刻画，前景树木虚化，后景高塔渐虚，通过有阴影区的树木来界定塔与大门的空间距离。注重了整体画面主次虚实、空间层次、环境氛围的表现。

□　上海汉口路四行储蓄会大楼

　　建于 1926 年，英式折中主义风格。顶部为视觉焦点，
在构图黄金比上。画作体现出建筑与城市的厚重底蕴。

□ **上海英麦加利银行大班住宅**

建于 1910 年代，英乡村建筑风格。

□ **上海苏州路老建筑**

重咖啡色墙面中又有局部灰白色的
跳跃，形体简洁却不失细腻。

□ 上海佘山天主大教堂

　　建于1925—1935年，文艺复兴时期的罗马风、哥特式风格。连续的半圆形拱券体现罗马风，诸多高耸的尖塔又具哥特式风格，橄榄形穹顶为以色列式。采用竖向构图，顶部为视觉焦点。

■上海佘山天主教堂 1925 —1935. C. M 写生 09.8.

写生 09.
■上海佘山天主教堂
1925-1935. C.M.

采用竖向构图，顶部为视觉焦点。对遮挡严重的前景树木给以裁舍。局部运用了线面的表现手法。

□　上海南京西路一角

塔顶为巴洛克式。牌匾过于张扬。

□ **上海外滩教堂**

呈哥特式建筑特点，塔顶八角切换手法很巧妙。此为复建。

□ **上海龙华寺大门**

建于 1875 年。院落内树木阴影区的重色点缀，反衬主体，体现院落的纵深，前景树木等虚化，与主体咬合处留出空隙。

□ **上海外滩公交站**

　　画作主题：公交站牌、
等车人物、城市环境及陆家
嘴背景。

□ **上海提篮桥警务处**

　　建于 1935 年。用线条
表现建筑与城市环境。

□　**上海董家渡天主教堂**

　　建于 19 世纪 50 年代，西班牙巴
洛克风格，上海的早期教堂。

□　**黄金荣、杜月笙公司办公楼**

　　1932 年由法国建筑师设计。

□ **上海北京西路 1094 号住宅**

英国安妮女王中世纪建筑风格，清水红砖、精细的雕饰、简易的柱式、半圆券、红瓦坡顶、变异的三角形山墙、山花等，转角也常现八角形塔楼。

□ **上海法国学堂**

1926 年竣工，具有法国新艺术运动和文艺复兴特点。

□ **上海奉贤路 68 弄**

　　建于 1911 年。建筑呈现英国安妮女王时期的建筑风格。主要体现在清水红砖、弧形券、红瓦坡顶、变异的三角形山墙、山花等。建筑虽美，但居民盼望着动迁以改善居住条件。画面以近景的建筑局部为焦点，表现建筑组团、院落空间、环境氛围。

□ 改造前的上海外滩

　为迎接2010世博会，外滩进行了第二次大改造，但拔掉外滩老建筑前沿街的所有树木值得商榷。现在缺少原来的建筑与树木共生的氛围，有树木相配的建筑才更有生机与韵味。

□ 改造后的上海外滩

□　**上海乍浦路 260 号**

　　建于 1923 年，略有英国安妮女王中古时期的建筑特点。注重前景树木、主体建筑的虚实处理，使画面具有空间感，表现了真实的生活景象和街道气氛。

□ 上海复兴初级中学

□ 外滩汇丰银行

1923 年竣工，现为浦东发展银行，为古典罗马复兴式建筑，立面构图横五竖三，竖向比例 1：3：2，横向比例 2：1：2，比例严谨。

□ **上海新乐路东正圣母教堂**

　　建于 20 世纪 30 年代，洋葱头、圆尖拱券墙体体现出俄罗斯的建筑特色。细条窗与大墙面对比明显，也体现俄教堂建筑的特点。

□ **上海华山路私家花园（三）**

□　上海华山路私家花园（四）

□　上海南洋兄弟烟草公司

　　建于 1915 年，顶部呈晚期
文艺复兴、巴洛克建筑特点。

□　上海街头一景

　　这是一组德国风格的建筑屋顶，高低错落，造型各异，颇具美感。

□　上海音乐学院国际俱乐部

　　木构架、折线屋顶、钢盔式独特的塔顶都体现出了德国建筑的特点。

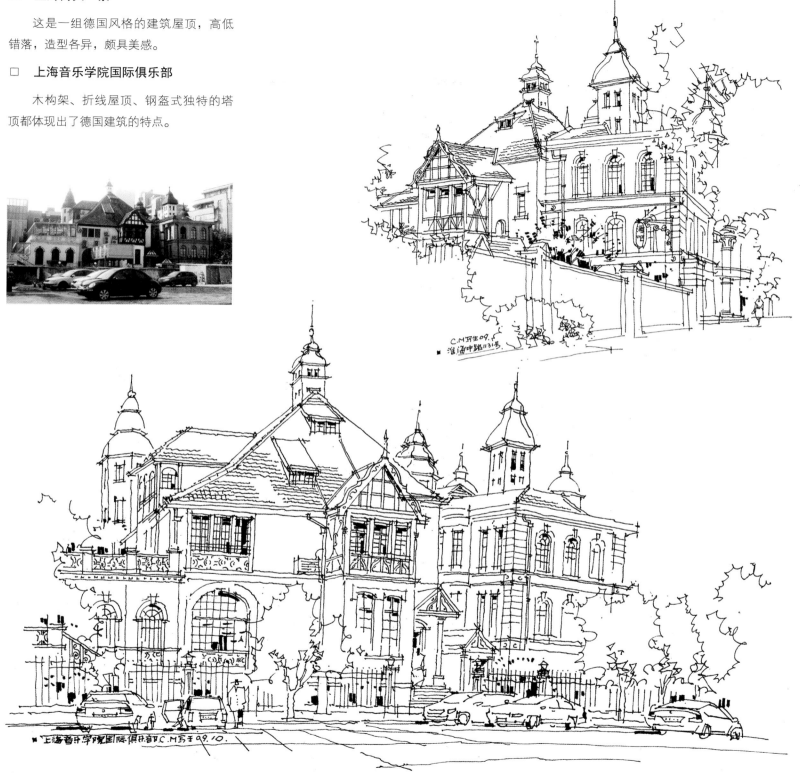

□　上海多伦路某建筑

□　上海襄阳路荣智勋住宅

　　1936 年建成，英国乡村
住宅风格，墙面上红砖装饰效
果很好。

■ 大连历史建筑写生

    1898 年沙俄强迫清政府签订租地条约，开始对大连的七年殖民统治，之后大连又由日本统治至日本投降。故大连的建筑文化受西方及日本的影响比较大，这一点和哈尔滨又比较相近。大连既有俄罗斯风格的建筑、日本近现代建筑，也有西方其他风格流派的建筑，如欧洲古典主义、文艺复兴、巴洛克、折中主义等，尤以大连中山广场为代表。大连的城市广场保护得较为成功，这一点很值得哈尔滨学习。

■ 大连中山广场花旗银行 同学
CM写生 09.8聚会

□　大连中山西广场基督教会

□　大连中山广场工商银行

　　建于1917年，原为日本统治时期大连市役所。和风欧美近代折中主义风格，兼具哥特、巴洛克建筑特点。

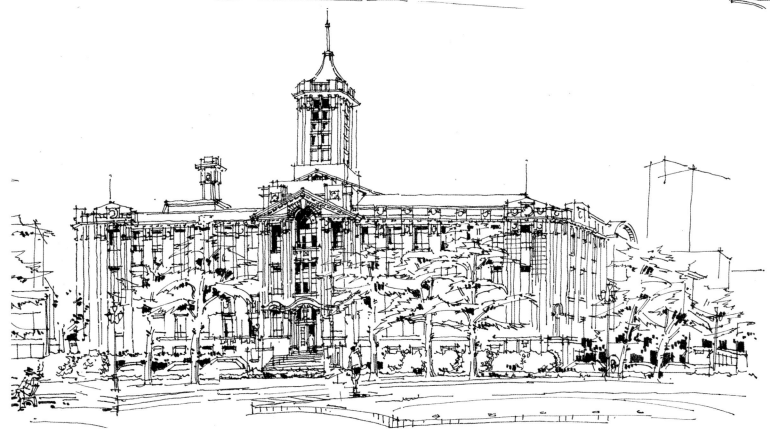

□　大连中山广场中国银行

　　建于 1909 年，原日伪横滨正金银行，为晚期文艺
复兴建筑风格。建筑色彩清新，精致典雅，引人入胜。

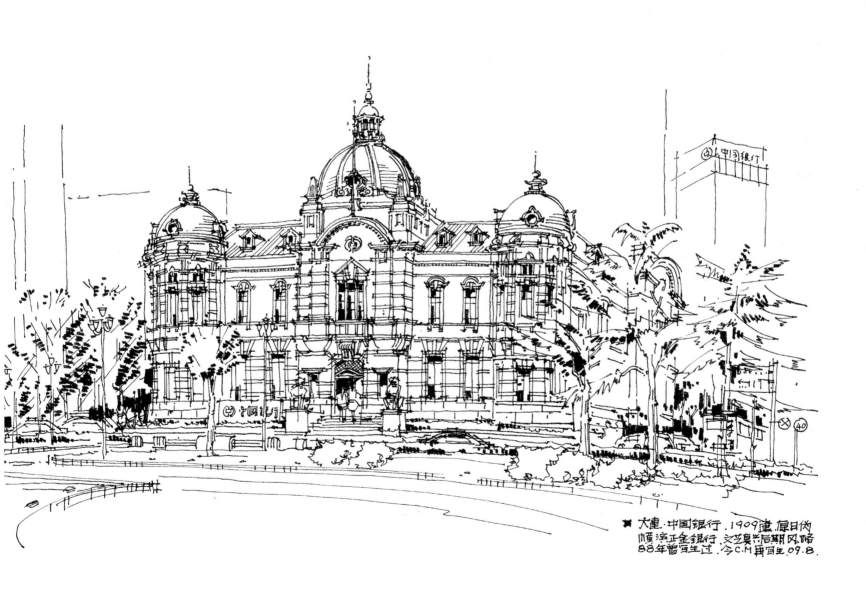

■ 青岛历史建筑写生

　　青岛的历史建筑集中体现了德国式的建筑风格，是中国唯一的基本体现单一殖民国家建筑风格的城市。白墙红瓦陡坡顶、德国钢盔式的穹顶成了当时青岛建筑的主旋律，宛如德国小镇，非常之美，独具特色。

青岛提督官邸 建于1905 C.H于 2012.8

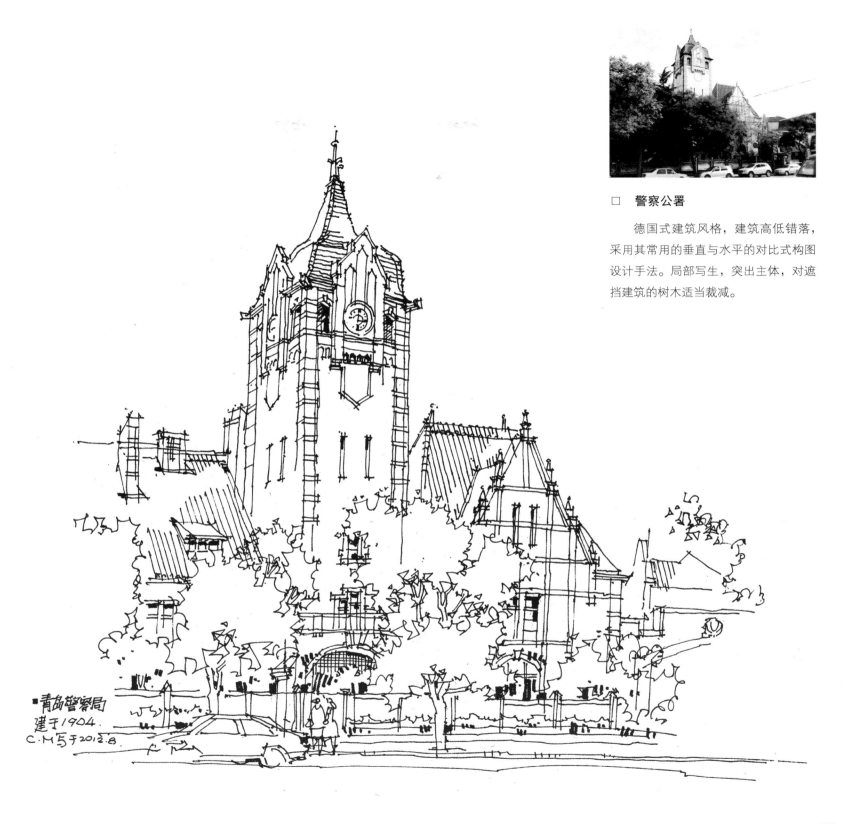

□ 警察公署

　德国式建筑风格，建筑高低错落，采用其常用的垂直与水平的对比式构图设计手法。局部写生，突出主体，对遮挡建筑的树木适当裁减。

青岛警察局
建于1904.
C.M写于2013.8

□ 青岛火车站

　　建于 1899 年，竖向高塔式构图。
1991 年在距离原址 100 米处重建。根据
画面构图的需要，对建筑近景进行裁舍，
并虚化，同时也强调高塔的视觉中心处。

■青岛火车站 1899.
C.M写于2012.9.

□ **青岛某德式建筑**

建于 1901 年。德国钢盔式穹顶，具有巴洛克及哥特式风格的德式山墙，极具创新的老虎窗，亮丽清新的色彩等都展示着建筑的美与个性。

青岛德式建筑.1901.
C.M写于2012.8.

□ 胶州邮政局

　　建于 1901 年。顶部设计很丰富，两处尖塔
高耸彰显统治力，高塔已经成了德式建筑的一个特
征。对画面构图进行了裁舍。

青岛胶州邮局.
C.M写于2012.8

156

■ 生活速写

　　写生不仅仅局限于建筑，
其他有意义的场面、生活景象
都是写生速写的对象。

■ 上海街头小店速写

■ 上海中考考场外速写

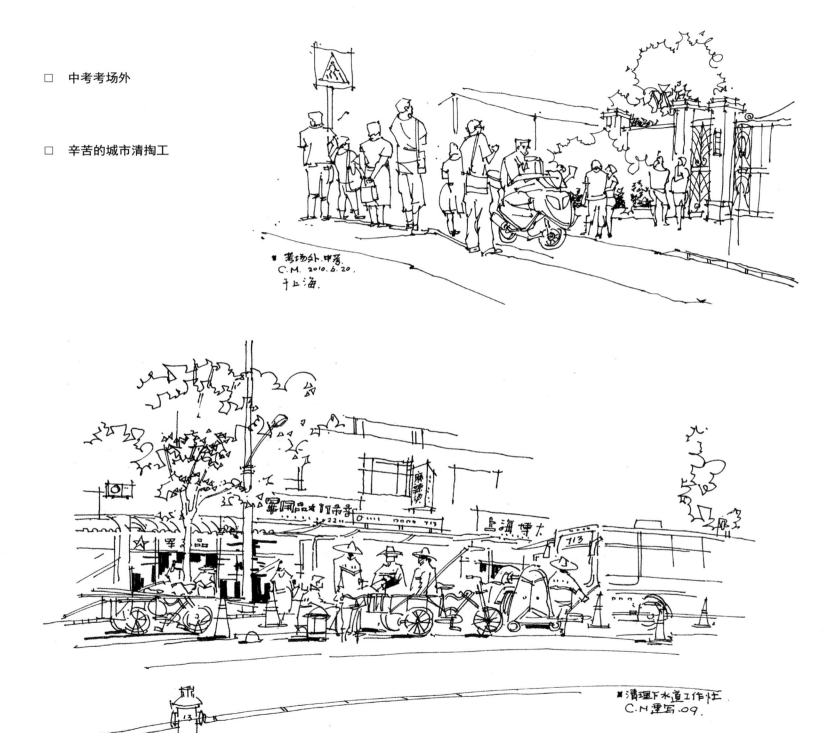

□ 中考考场外

□ 辛苦的城市清掏工

□ 家乡的小院

大砖房、果树、葡萄架、母亲种的菜园、大酱缸、室外灶台、花草、木栅栏、砖甬道、木柴垛构成了家乡的小院，颇有田园风情，有些世外桃源的感觉，常使笔者留恋怀念。

老家夏日忆怀

碧瓦红砖三两家，葡藤果木粉红花。
亲亲慈母勤劳作，换得年年新物华。

2014 年写于母亲节

□ 人物素描

山河本着家小院 . C.M. 08.

□ **女儿学习忙**（右上图）

□ **写作业二幅**

练写毛笔字的时候随机所画。

■ 学生时代速写与写生

　　大学二年级时，集体到北京实习写生，笔者常常是每天集体写生结束后，还是尽量另外多画一些，笨鸟先飞，这对自己的写生绘画基本功还是有很大帮助的。那时的画稿还有一些学生气，在此略作展示，也是值得纪念的历史的记忆。

□　　北京国子监

　　宽线、单线的使用：单线条有利于体现建筑的结构、轮廓，但体积感不强，不生动。在阴影区、檐口、洞口、背光面、玻璃、地面等可用美工笔宽线混用，但也不能涂太黑、太简单（时写生感受语，1987 年）。

□　　北京景山公园休息亭

　　视觉中心为亭子，幽远的石阶道在茂密的树丛相拥下深远向上，较有意境（时写生感受语）。

景山公园休息亭

□　人民英雄纪念碑

□　北京民族文化宫

87. 8. 9. 可毕.

□　可爱的老黄牛

□　贮木场作业忙

　　大千世界，丰富多彩，许多景物也应是建筑师笔下的爱物，要深入生活，多方了解社会。笔者的家乡在林区，常常看到贮木场工人辛勤的劳作，于是绘制了他们劳作的场面。到农村看到老牛很可爱，也画了下来，画得不是很精神。画动态的对象时，首先要观察好，要抓住动作的规律，要快、还要靠记忆，不能看一笔画一笔。画人物时最好了解一下人体的结构（时写生感受语）。

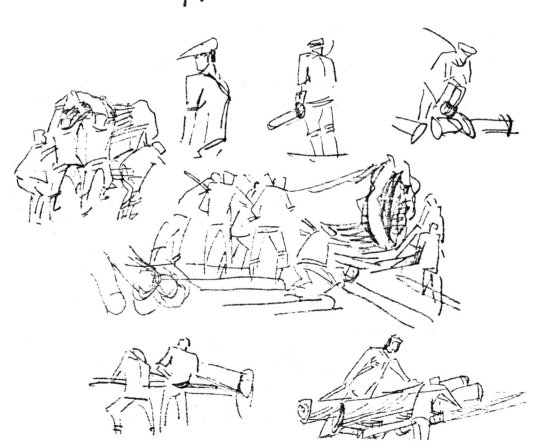

□　邻家小孩

□　大树下的小饭馆

□　生活景象

　　睡着的车老板，冰棍
小卖摊，拉炉灰，骑车人。

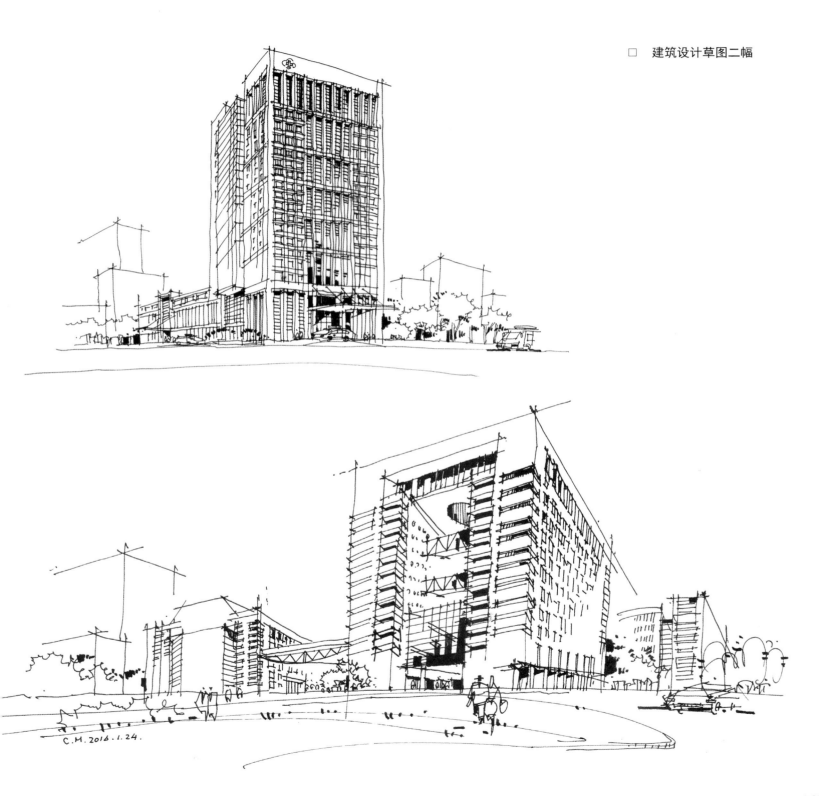

□ 建筑设计草图二幅

C.M. 2016.1.24.

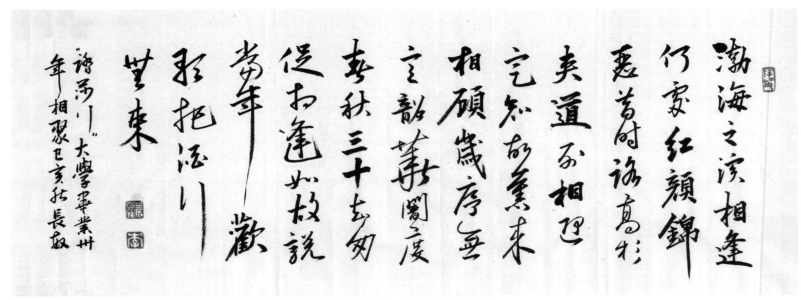

踏莎行·相聚

渤海之滨，相逢何处，红颜锦瑟昔时路。高杉夹道列相迎，定知故旧来相顾。

岁序无言，韶华暗度，春秋三十去匆促。相逢如故说当年，欢歌把酒行无束。

大学同学聚会随感，己亥中秋

晨起山行

晨鸡知我欲山行，几度钟鸣梦觉中。

山裹岚纱犹未醒，客行造访半山峰。

己亥初秋于宜兴竹海

竹山夜色

溪涧湍湍听暗声，百虫合奏乱蛙鸣。

竹山皎皎一轮月，月洒银光唤众峰。

己亥初秋于宜兴竹海

鹊踏枝·江南初春

杨柳千丝风逐乱。绿醉春烟，纤手拂人面。任是东风吹不散。韶光煦色春无限。
小蕾海棠羞欲绽。犹卷芳心，心事春拆看。粉蝶也嫌春色晚。冥冥渐觉春一半。

2017.3

桃源忆故人·大地葵花

倾阳向日心无变，粉蝶扑花依恋。极目漫川开遍，朵朵金黄伞。
团栾月瓣颜欢绽，碧锦接天无岸。远眺菊花千万，点点黄金钻。

2018.9.8

后面的话

由于喜爱而选择，由于热爱而作画。每当看到那些优美的建筑和景致，总有一种把它们入画的冲动。回顾写生的历程，辛苦与欣慰同在，有些记忆很难忘怀。为了能近距离画到一座心仪的建筑，有时需要和业主说好话沟通，有时需去几次才能征得同意。有时为了追求好的视角，需要在无遮挡的烈日下写生，有时要在突然下雨时打伞坚持完成，有时要经受蚊子的叮咬，有时要站着画几个小时，有时要忍饥把画画完等，但每当看到完成的作品时，内心就感到非常欣慰与高兴。同时，在写生绘画中我也有一种平静中的快乐与艺术享受。在朋友们的鼓励支持下，我从 2012 年开始整理并编辑二十多年来所画的作品，到今天终于完成并如愿出版。这里我要深深感谢我的朋友们，感谢那些在写生中给我提供机会、提供帮助、借我凳子、帮我打伞的人们。感谢中国建筑工业出版社的工作人员。感谢国家勘察设计大师、上海现代集团华东建筑设计院总建筑师汪孝安先生为本书作序。感谢方舟国际设计有限公司刘远孝董事长的大力支持，并谨以此书为方舟国际设计有限公司成立 20 周年献礼。本书如能为读者朋友们带去些许的赏心和帮助，我将不胜欣慰。再次真诚希望此书能得到读者朋友们的指正。

李长敏

2021 年 3 月

附：电子邮箱 Lcm6517@163.com